1

2

4 3

7 5

6 8

9 1

2

8 6 3 1 2

3

5 7 9 10 6 3

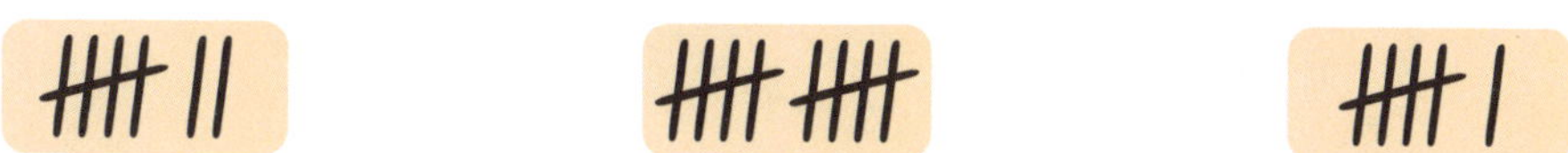

1

1

1

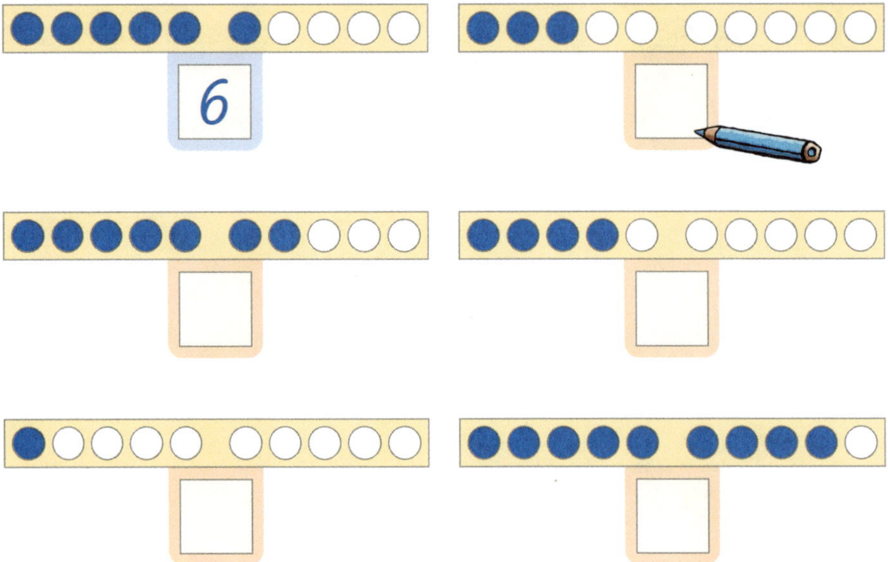

2

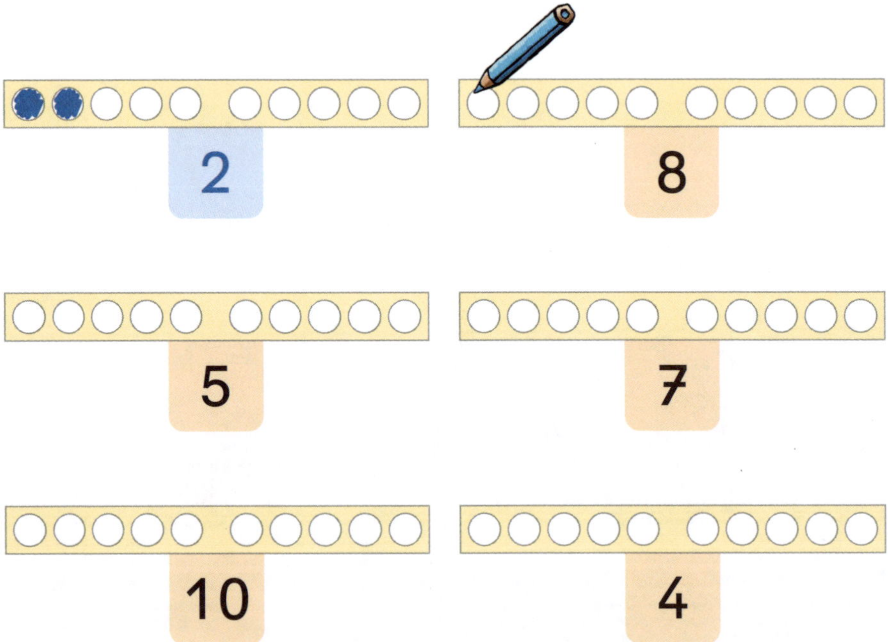

1

7 > ☐

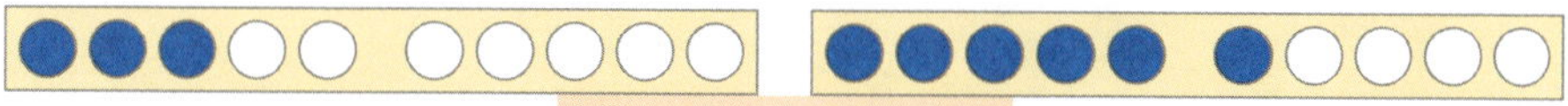

☐ ◯ ☐

☐ ◯ ☐

2

5	◯	2	4	◯	9
4	◯	3	9	◯	9
3	◯	5	7	◯	6

3

5	<	☐	☐	>	7
4	<	☐	☐	>	6
3	>	☐	☐	=	4

1

1	2	3	4		6			9		

	3		5	6

	7	8	

	6			

	8		

		2	3			6			

2

10	9					4			

7			4	

		8	7

	3		1

	6			3

3

2	3	4

	2	

	5	

	4	

	6	

	8	

		6

3		

		7

1

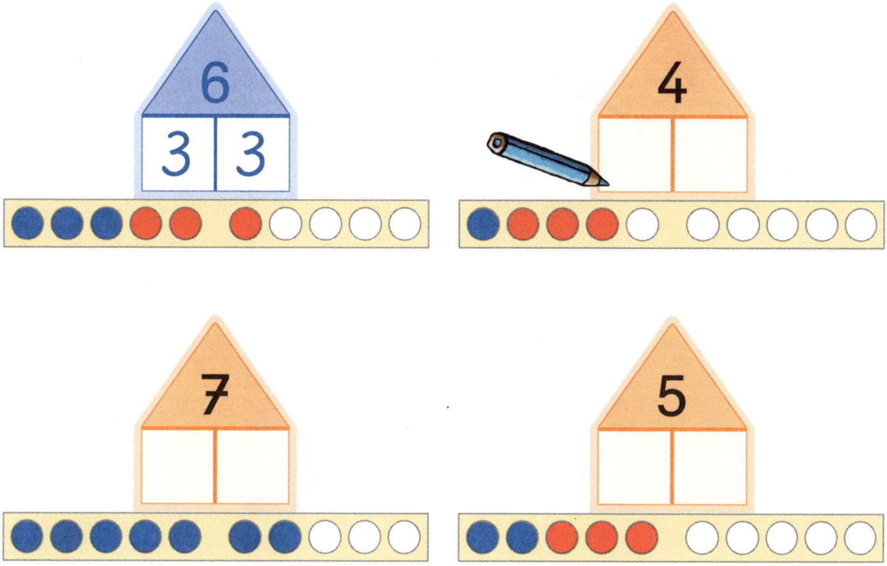

2

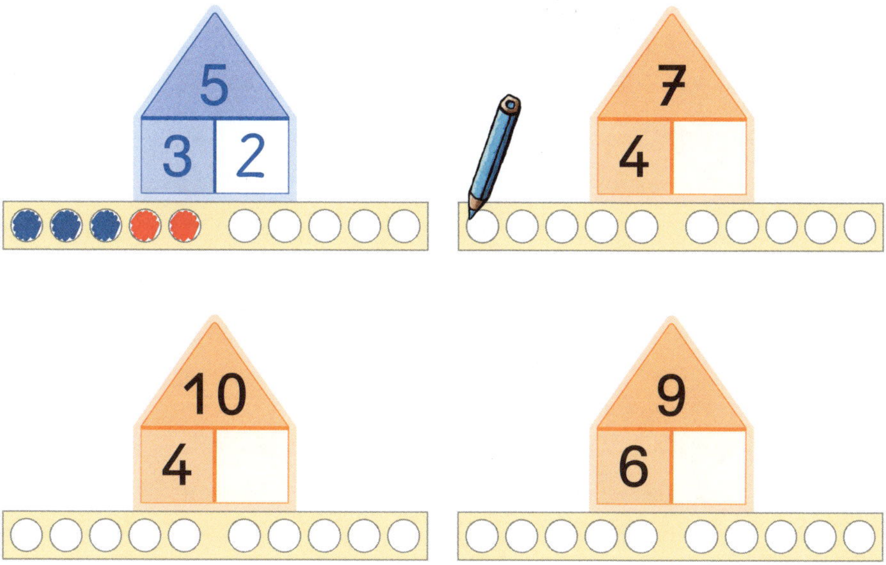

5 Alle Zahlzerlegungen bis 10 bilden

1

10	
10	0
8	
6	
4	
2	
0	

10	
9	
7	
5	
3	
1	

10	
	2
	4
	6
	8
	10
	0

10	
	1
	3
	5
	7
	9

2

4	6

5	☐

☐	3

2	☐

☐	1

7	☐

1

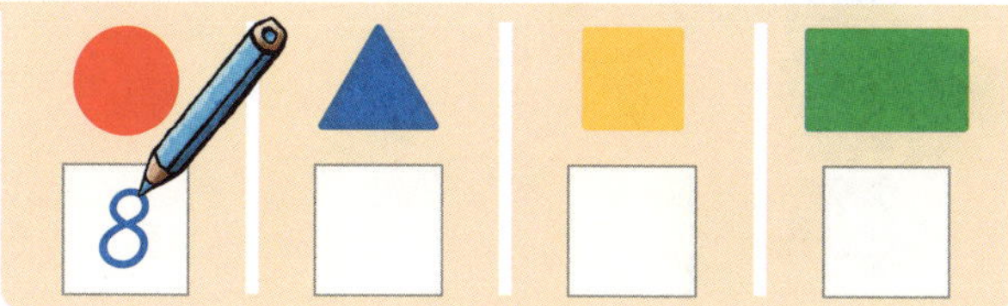

6 Reihen und Muster fortsetzen

54

1

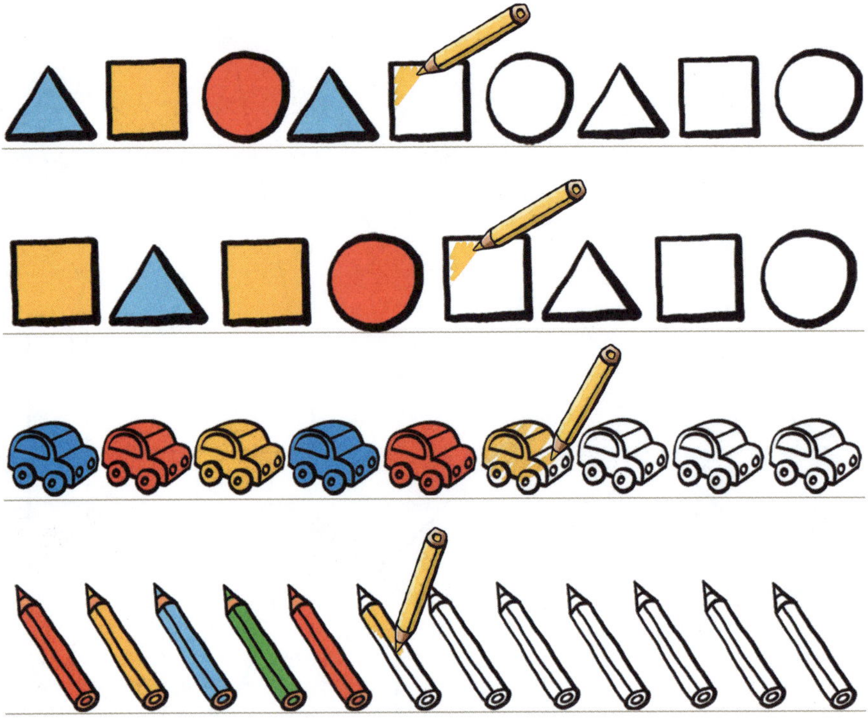

2

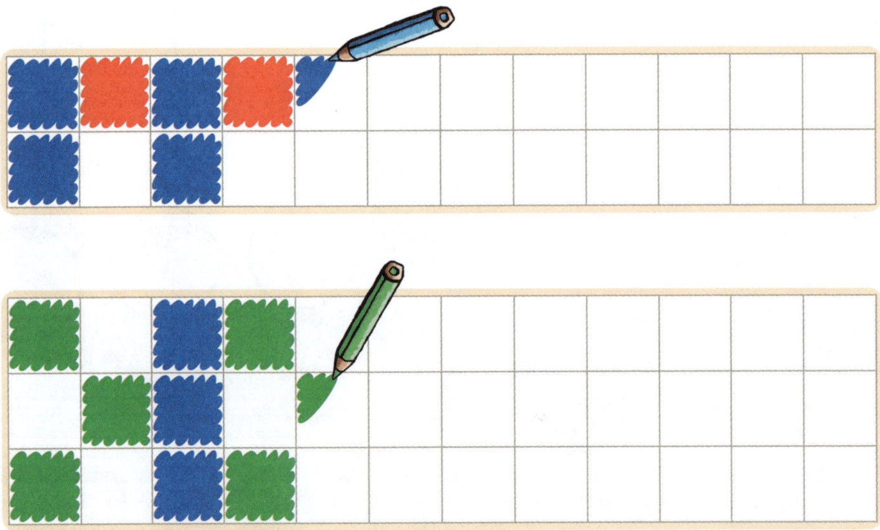

1 Bildern passende Plusaufgaben zuordnen

7

1

2 + 3 = 5 | 1 + 2 = 3 | 1 + 3 = 4 | 1 + 4 = 5

2

2 + 4 = 6 | 3 + 3 = 6 | 3 + 2 = 5 | 4 + 1 = 5

3

1 + 2 = 3 | 1 + 3 = 4 | 3 + 2 = 5 | 4 + 2 = 6

Punktebilder und Plusaufgaben zuordnen und lösen

1

4 + 2 =

2 + 3 = 5

3 + 1 =

2 + 1 =

1 + 3 =

2

2 + 5 =

5 + 2 =

1 + 4 =

3 + 2 =

2 + 2 =

3

6 + 2 =

2 + 6 =

3 + 7 =

5 + 4 =

1 + 5 =

1

2 + 4 = 6
3 + 5 =
1 + 6 =

7 + 2 =
5 + 4 =
6 + 3 =

4 + 4 =
5 + 5 =
3 + 3 =

2 + 5 =
4 + 3 =
3 + 7 =

2

Tauschaufgaben finden und lösen

1

2 + 3 = 5	1 + 7 = ☐	4 + 2 = ☐
2 + 5 = ☐	3 + 2 = 5	1 + 5 = ☐
7 + 1 = ☐	5 + 1 = ☐	4 + 6 = ☐☐
6 + 4 = ☐☐	2 + 4 = ☐	5 + 2 = ☐

2

3 + 2 = 5	0 + 3 = ☐
2 + 3 = ☐	☐ + ☐ = ☐
4 + 5 = ☐	2 + 0 = ☐
☐ + ☐ = ☐	☐ + ☐ = ☐
5 + 5 = ☐☐	4 + 3 = ☐
☐ + ☐ = ☐☐	☐ + ☐ = ☐

1

$3 + 4 = 7$
$4 + 4 = 8$
$5 + 4 = \square$

$2 + 5 = \square$
$3 + 5 = 8$
$4 + 5 = \square$

2

$6 + 2 = \square$
$6 + 3 = 9$
$6 + 4 = \square\square$

$2 + 6 = \square$
$2 + 7 = 9$
$2 + 8 = \square\square$

3

$5 + 3 = \square$
$6 + 2 = \square$
$6 + 3 = 9$
$7 + 3 = \square\square$
$6 + 4 = \square\square$

$3 + 5 = \square$
$4 + 4 = \square$
$4 + 5 = 9$
$5 + 5 = \square\square$
$4 + 6 = \square\square$

1 Ergänzungsaufgaben (plus) lösen

17

1

$2 + \boxed{3} = 5$

$1 + \square = 8$

$4 + \square = 7$

$6 + \square = 9$

2

$3 + \square = 8$

$5 + \square = 6$

$2 + \square = 7$

$3 + \square = 10$

$1 + \square = 5$

$1 + \square = 6$

$3 + \square = 4$

$1 + \square = 10$

3

$\square + 3 = 3$

$\square + 1 = 5$

$\square + 4 = 6$

$\square + 5 = 10$

$\square + 2 = 4$

$\square + 2 = 8$

$\square + 6 = 9$

$\square + 6 = 7$

2 Links – rechts

1

3 Bildern passende Minusaufgaben zuordnen

1

3 – 1 = 2 | 4 – 1 = 3 | 6 – 4 = 2 | 6 – 2 = 4

2

4 – 3 = 1 | 5 – 3 = 2 | 4 – 2 = 2 | 5 – 2 = 3

3

6 – 3 = 3 | 4 – 3 = 1 | 5 – 2 = 3 | 5 – 3 = 2

1

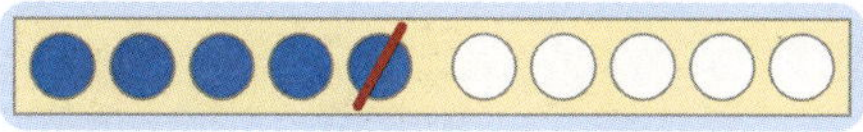

7 − 3 = ☐

5 − 1 = 4

2 − 1 = ☐

5 − 3 = ☐

3 − 2 = ☐

2

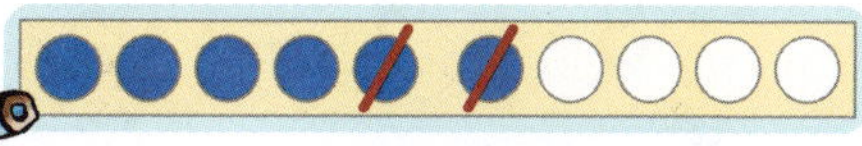

6 − 2 = ☐

6 − 1 = ☐

6 − 3 = ☐

9 − 8 = ☐

4 − 1 = ☐

3

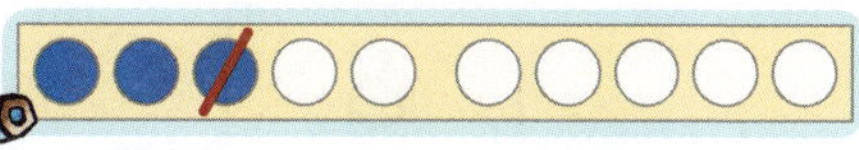

4 − 3 = ☐

6 − 5 = ☐

10 − 5 = ☐

4 − 2 = ☐

3 − 1 = ☐

1

7 − 1 = ☐
6 − 2 = ☐
5 − 3 = ☐

4 − 3 = ☐
7 − 3 = ☐
10 − 3 = ☐

8 − 4 = ☐
3 − 1 = ☐
5 − 4 = ☐

9 − 5 = ☐
6 − 3 = ☐
10 − 5 = ☐

2

3 Nachbaraufgaben (minus) bilden

34

1

3 − 2 = 1
4 − 2 = 2
5 − 2 = □

6 − 4 = □
7 − 4 = 3
8 − 4 = □

2

5 − 3 = □
5 − 4 = 1
5 − 5 = □

9 − 5 = □
9 − 6 = 3
9 − 7 = □

3

7 − 3 = □
8 − 2 = □
8 − 3 = 5
9 − 3 = □
8 − 4 = □

6 − 5 = □
7 − 4 = □
7 − 5 = 2
8 − 5 = □
7 − 6 = □

3 Ergänzungsaufgaben (minus) lösen

1

8 – 7 = 1

4 – □ = 1

9 – □ = 4

5 – □ = 0

2

7 – □ = 3

7 – □ = 4

6 – □ = 3

3 – □ = 2

4 – □ = 1

6 – □ = 4

9 – □ = 2

10 – □ = 3

3

□ – 3 = 4

□ – 6 = 3

□ – 5 = 1

□□ – 0 = 10

□ – 4 = 5

□ – 1 = 8

□ – 1 = 6

□□ – 1 = 9

1

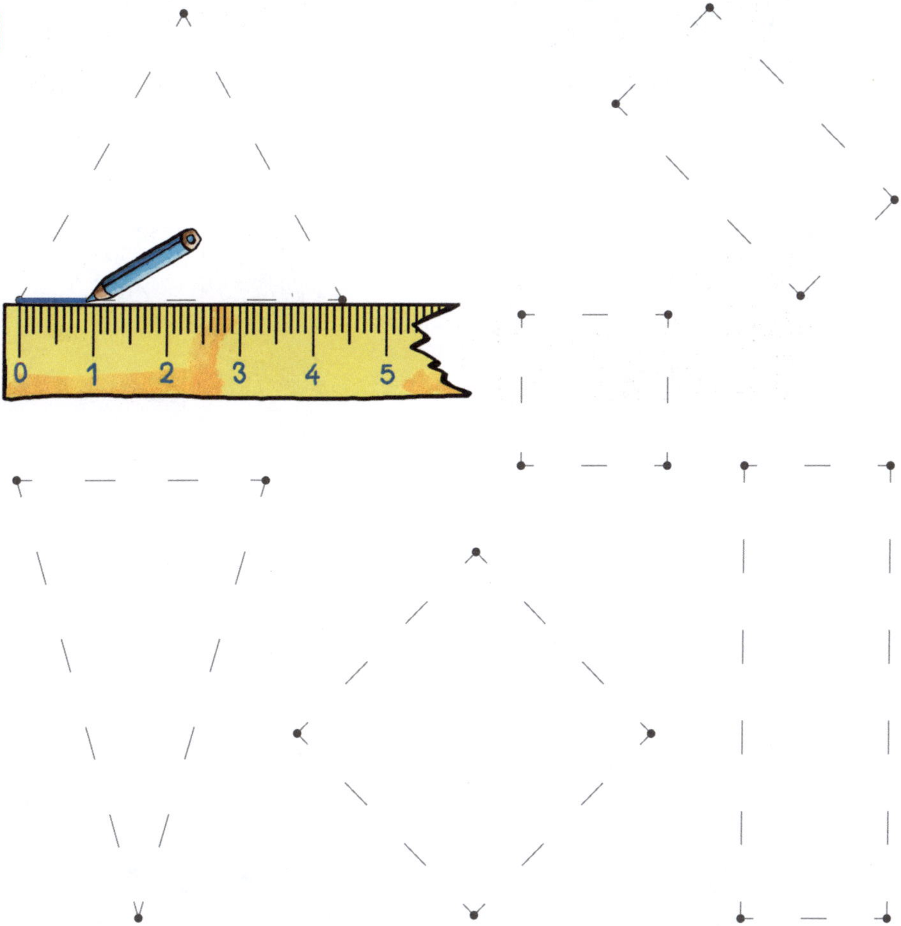

5 Umkehraufgaben zuordnen und lösen

1

2 + 1 = 3

☐ – ☐ = ☐

☐ + ☐ = ☐

3 – ☐ = ☐

☐ + ☐ = ☐

☐ – ☐ = ☐

2

2 + 5 = 7	5 + 4 = ☐
9 – 4 = ☐	7 – 5 = ☐
8 – 2 = ☐	6 + 2 = ☐

Umkehraufgaben bilden

1

1 —(+3)→ 4 / 4 —(−3)→ 1

1 + 3 = 4

4 − 3 = ☐

4 —(+5)→ ☐ / ☐ —(−5)→ 4

☐ + ☐ = ☐

☐ − ☐ = ☐

2

☐ —(+4)→ 6 / 6 —(−4)→ ☐

☐ − ☐ = ☐

☐ + ☐ = ☐

☐ —(+6)→ 9 / 9 —(−6)→ ☐

☐ − ☐ = ☐

☐ + ☐ = ☐

3

2 + 3 = 5

5 − 3 = ☐

7 − 3 = ☐

☐ + ☐ = ☐

5 + 2 = ☐

☐ − ☐ = ☐

8 − 5 = ☐

☐ + ☐ = ☐

4 + 4 = ☐

☐ − ☐ = ☐

9 − 4 = ☐

☐ + ☐ = ☐

1

3 4 7

3 + 4 = 7
☐ + ☐ = ☐
☐ − ☐ = ☐
☐ − ☐ = ☐

10 7 3

☐ + ☐ = ☐☐
☐ + ☐ = ☐☐
☐☐ − ☐ = ☐
☐☐ − ☐ = ☐

2

3 5 ☐

☐ + ☐ = ☐
☐ + ☐ = ☐
☐ − ☐ = ☐
☐ − ☐ = ☐

2 ☐ 9

☐ + ☐ = ☐
☐ + ☐ = ☐
☐ − ☐ = ☐
☐ − ☐ = ☐

4 gelb | 5 grün | 6 rot | 7 braun | 8 blau

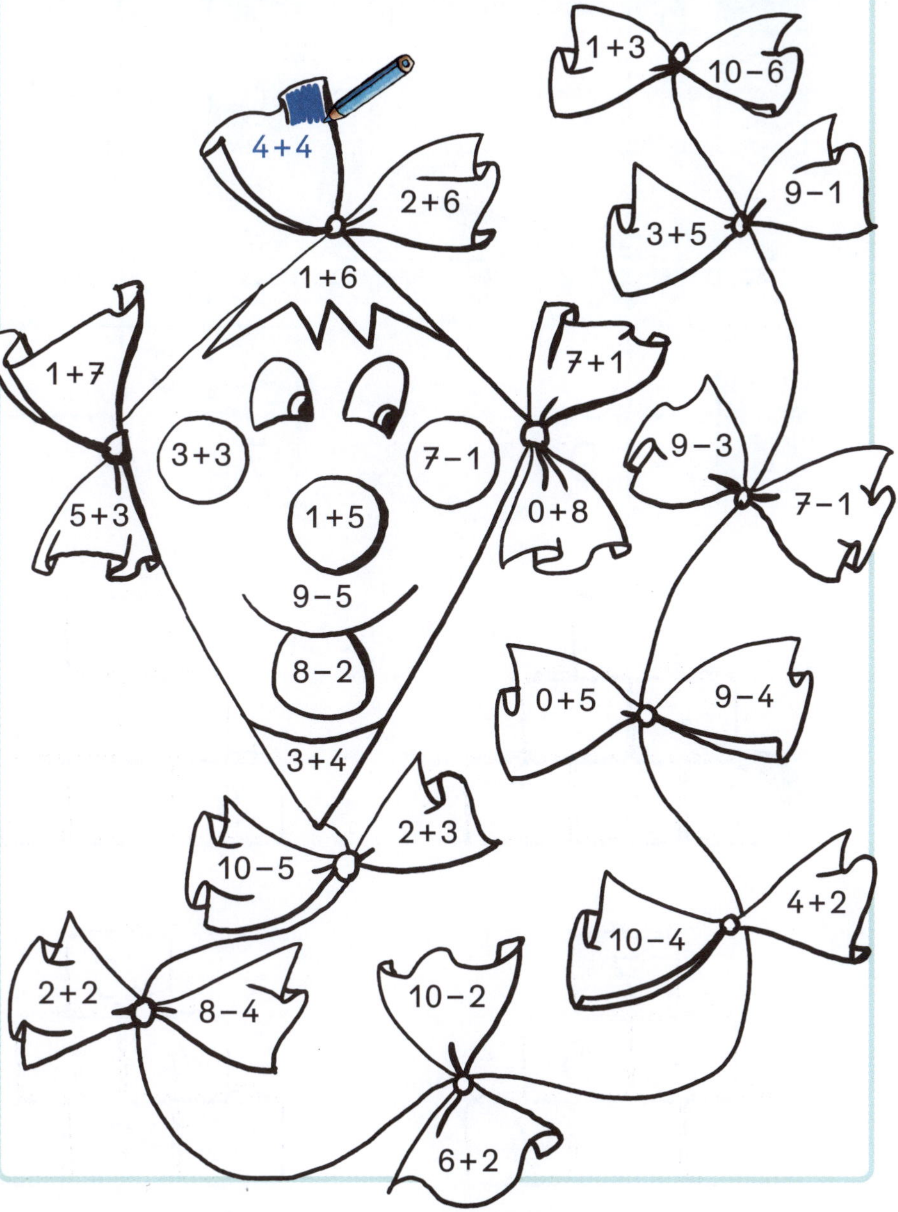

1

+	4	3	5
2	6		
4			

−	2	4	6
7			
9			

2

+	3		6
3			
4		9	

−		5	7
9	6		
7			

3

4

51

1

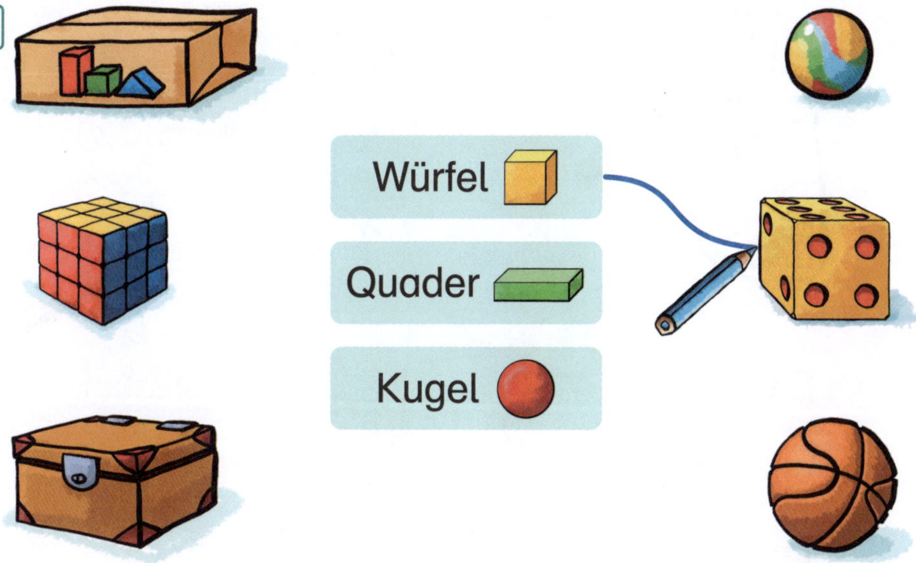

2

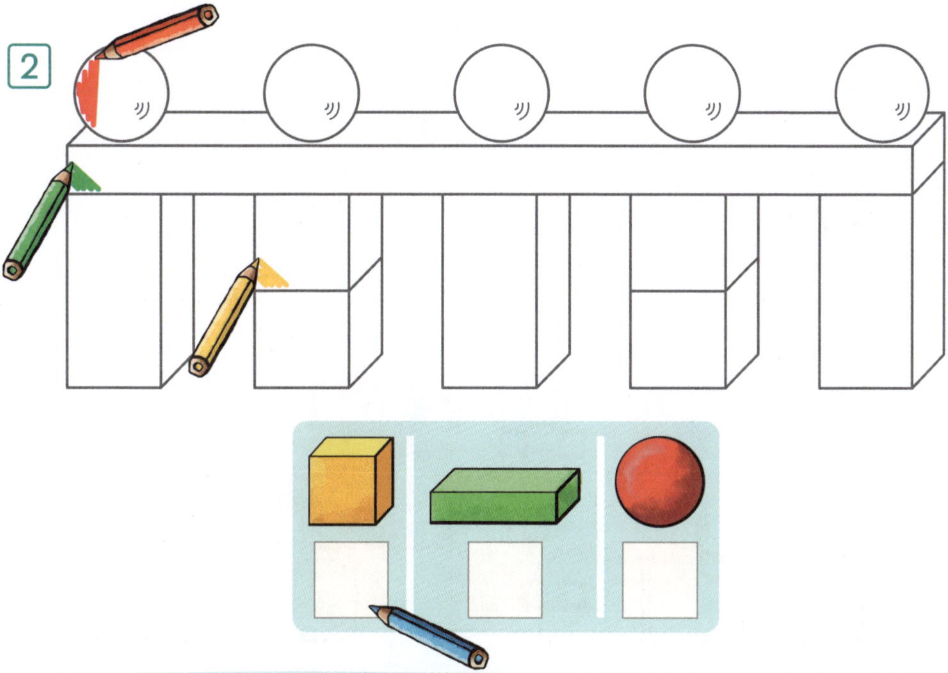

1

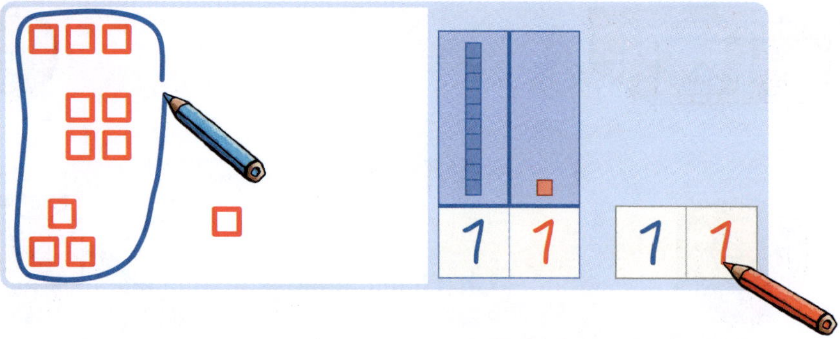

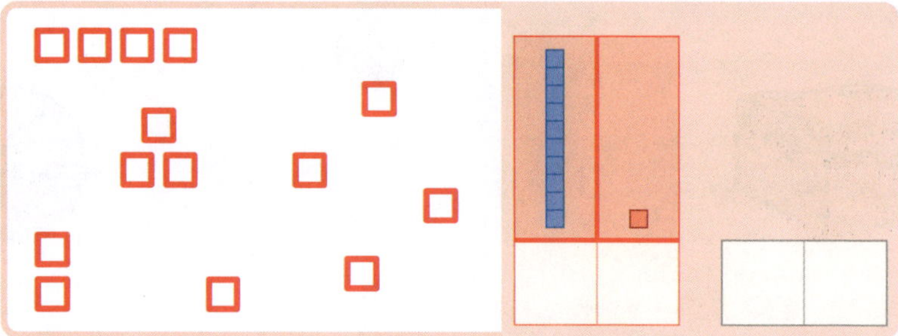

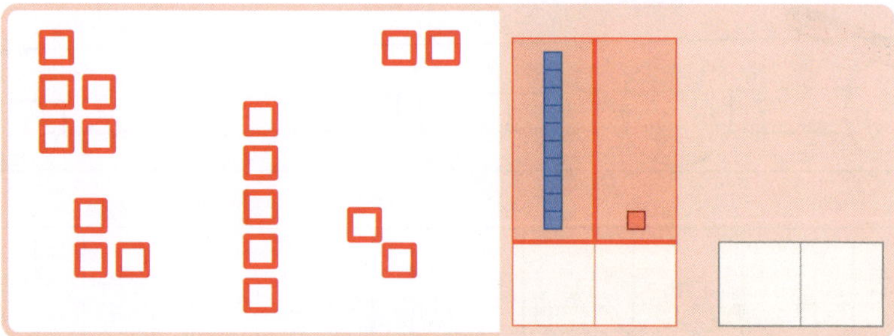

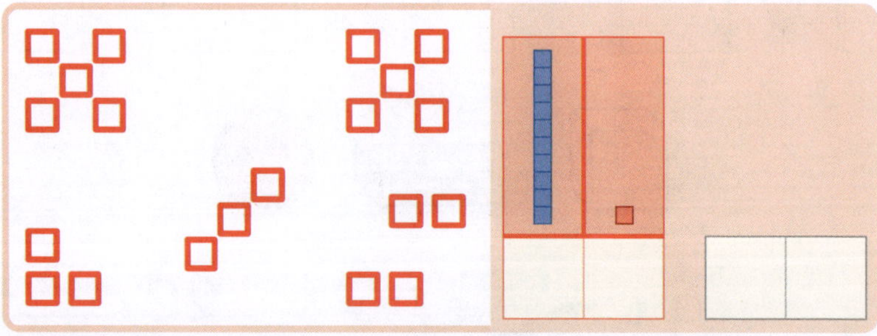

Zahlen im Zwanzigerfeld ablesen und darstellen

10

1

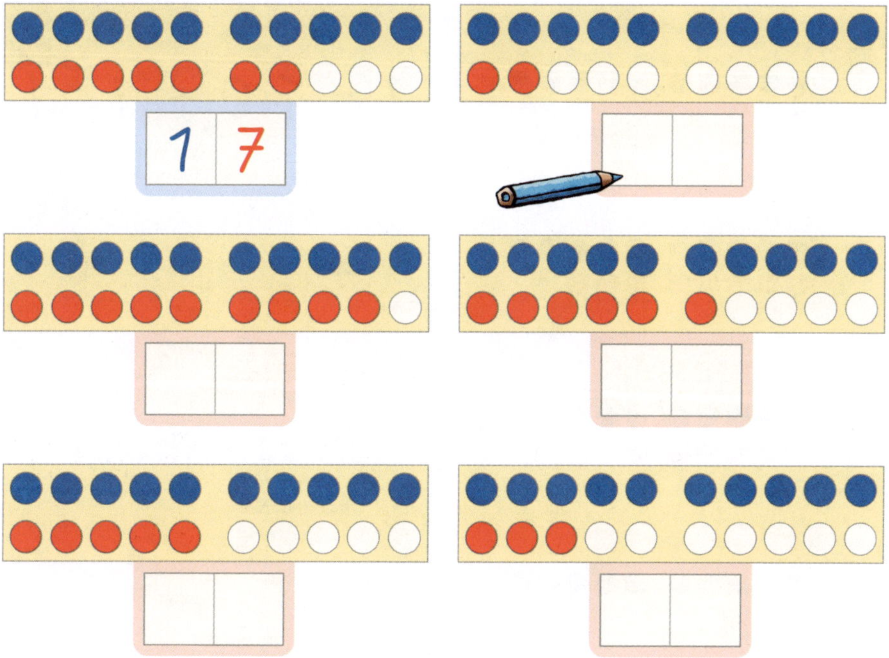

2

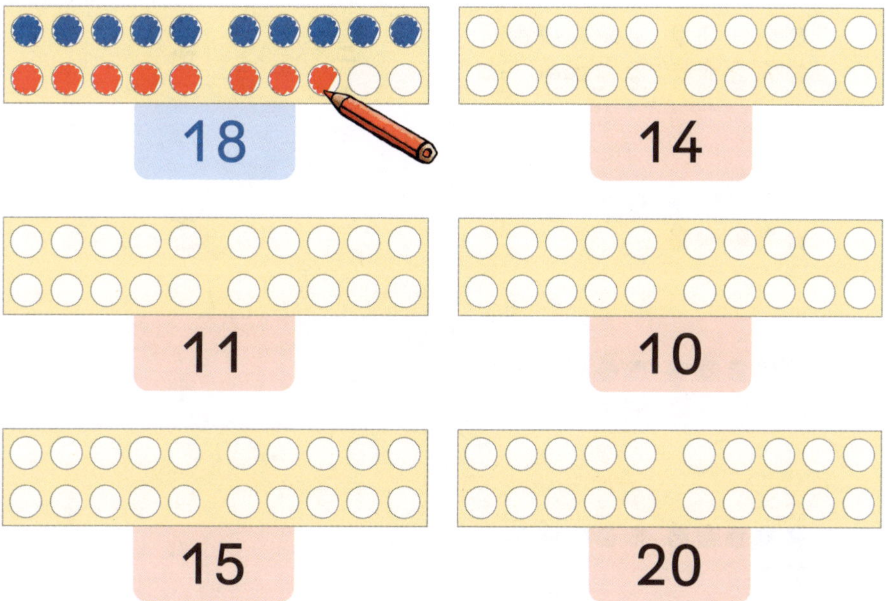

1

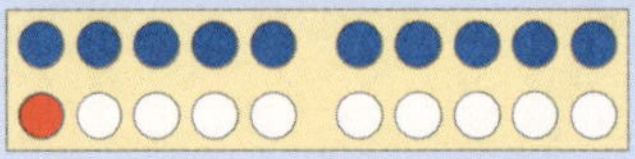

11 = 10 + 1

Z	E
1	1

☐☐ = ☐☐ + ☐

Z	E

☐☐ = ☐☐ + ☐

Z	E

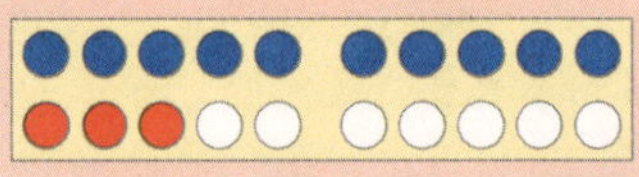

☐☐ = ☐☐ + ☐

Z	E

☐☐ = ☐☐ + ☐

Z	E

☐☐ = ☐☐ + ☐

Z	E

☐☐ = ☐☐ + ☐

Z	E

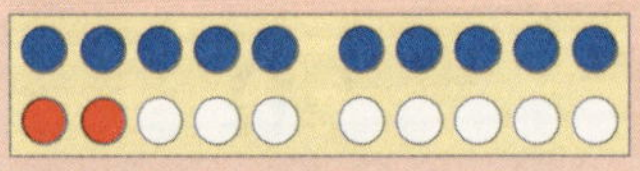

☐☐ = ☐☐ + ☐

Z	E

1

10	<	12	9	◯	12
18	◯	13	14	◯	11
15	◯	15	19	◯	18

2

9	<	11	☐☐	>	11
☐☐	>	12	13	=	☐☐
16	>	☐☐	☐☐	<	20

3

~~14~~		9		~~20~~		~~16~~		13		3
20	>	16	>	14	>		>		>	

14		11		5		19		12		8
	>		>		>		>		>	

19		~~13~~		~~10~~		15		18		~~5~~
5	<	10	<	13	<		<		<	

16		11		6		14		20		8
	<		<		<		<		<	

2 Zahlen verbinden, Zahlenfolgen ergänzen

1

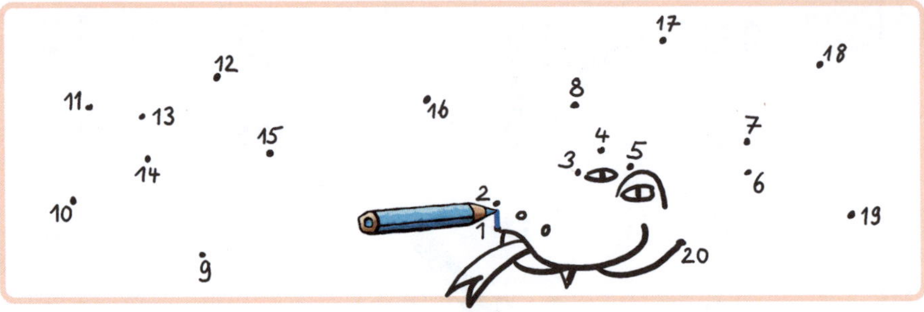

2

3

1

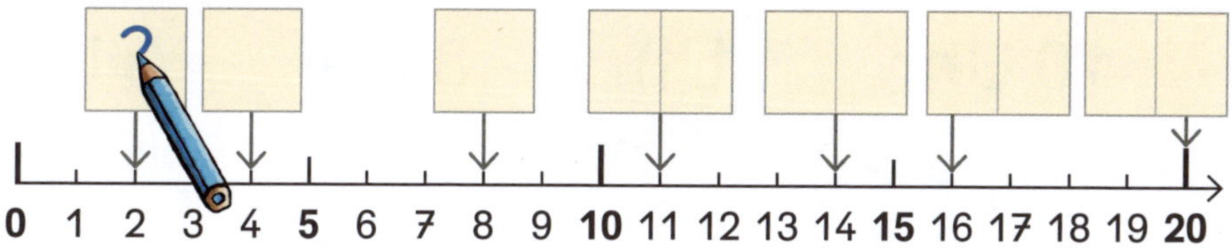

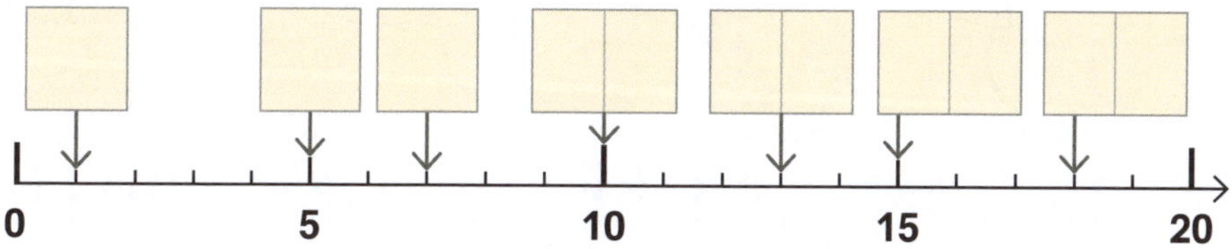

2 2, 4, 5, 7, 8, 10, 13, 15, 18, 20

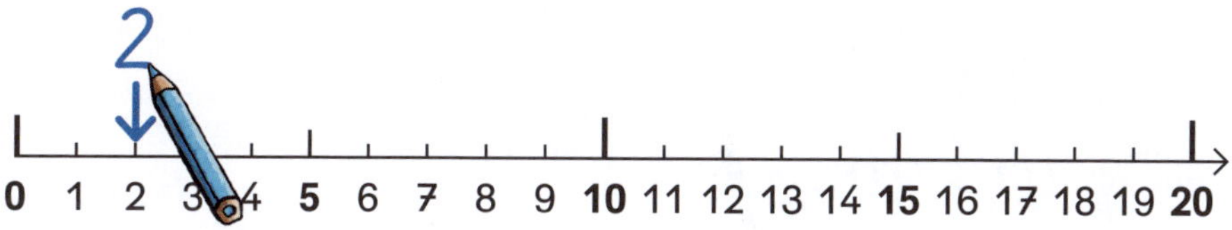

0, 3, 5, 6, 9, 10, 12, 15, 17, 20

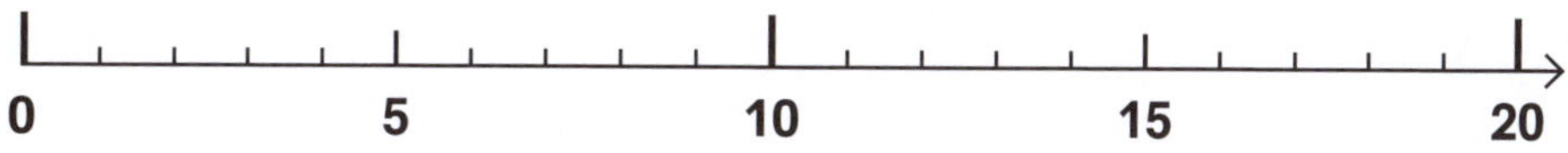

1

10 Uhr	1 Uhr	8 Uhr	3 Uhr

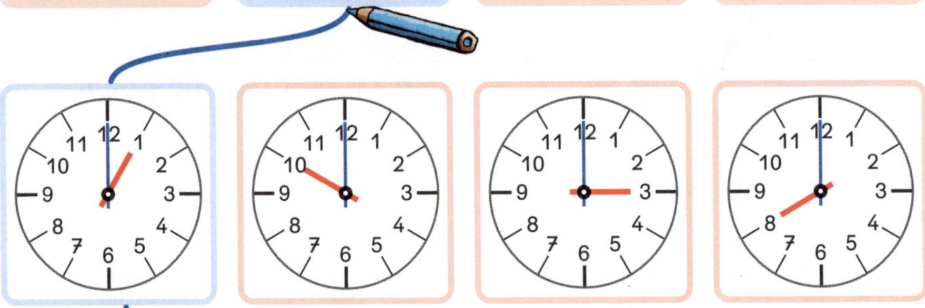

13 Uhr	15 Uhr	22 Uhr	20 Uhr

2

4 Uhr

16 Uhr

1

15 Uhr

12 Uhr

6 Uhr

9 Uhr

14 Uhr

11 Uhr

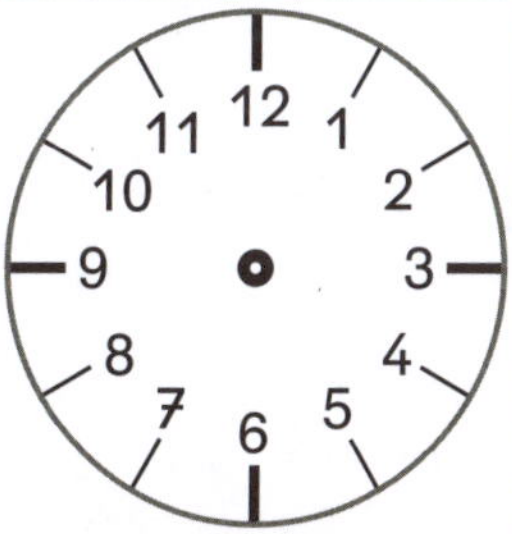

21 Uhr

8 Uhr

5 Uhr

1

2 + 3 = 5	6 + 3 =
12 + 3 = 15	16 + 3 =
5 + 4 =	7 + 2 =
15 + 4 =	17 + 2 =
8 + 2 =	5 + 5 =
18 + 2 =	15 + 5 =

2

5 − 2 =	3 − 2 =
15 − 2 =	13 − 2 =
7 − 4 =	5 − 3 =
17 − 4 =	15 − 3 =
4 − 3 =	6 − 5 =
14 − 3 =	16 − 5 =

1

5 + 3 = 8

15 + 3 = ☐☐

5 + 3 = 8

☐ + ☐ = ☐ ☐ + ☐ = ☐☐

13 + 2 = ☐☐ 16 + 4 = ☐☐

7 − 2

2

☐ − ☐ = ☐ ☐ − ☐ = ☐

17 − 2 = ☐☐ 16 − 4 = ☐☐

☐ − ☐ = ☐ ☐ − ☐ = ☐

19 − 6 = ☐☐ 17 − 6 = ☐☐

3

☐ + ☐ = ☐☐ ☐ − ☐ = ☐

17 + 3 = ☐☐ 14 − 3 = ☐☐

☐ + ☐ = ☐ ☐ − ☐ = ☐

12 + 4 = ☐☐ 19 − 5 = ☐☐

1

11 + 3 =	3 + 13 =
14 + 4 =	5 + 14 =
13 + 7 =	4 + 15 =
12 + 5 =	2 + 16 =

2

17 − 4 =	18 − 4 =
19 − 6 =	15 − 3 =
16 − 5 =	17 − 6 =
20 − 8 =	13 − 2 =

3

14 + 5 =	20 − 7 =
16 − 4 =	11 + 8 =
6 + 11 =	17 − 5 =
18 − 7 =	9 + 11 =

1

2 + 3 = 5
12 + ☐ = 15

☐ + ☐ = ☐
11 + ☐ = 17

☐ + ☐ = ☐
14 + ☐ = 18

☐ + ☐ = ☐
13 + ☐ = 19

2

☐ − ☐ = ☐
16 − ☐ = 12

☐☐ − ☐ = ☐
20 − ☐ = 16

☐ − ☐ = ☐
14 − ☐ = 11

☐ − ☐ = ☐
17 − ☐ = 12

3

11 + ☐ = 16
13 + ☐ = 17
14 + ☐ = 19
16 + ☐ = 20

16 − ☐ = 11
18 − ☐ = 15
19 − ☐ = 13
20 − ☐ = 17

1

12 + 3 = ☐	17 − 2 = ☐
13 + 3 = ☐	17 − 3 = ☐
14 + 3 = ☐	17 − 4 = ☐
15 + 3 = ☐	17 − 5 = ☐

2

15 + 4 = ☐	16 − 3 = ☐
15 + 3 = ☐	15 − 3 = ☐
15 + 2 = ☐	14 − 3 = ☐
☐ + ☐ = ☐	☐ − ☐ = ☐

3

14 + 5 = ☐	19 − 6 = ☐
15 + 4 = ☐	18 − 5 = ☐
16 + 3 = ☐	17 − 4 = ☐
☐ + ☐ = ☐	☐ − ☐ = ☐

1

1

2

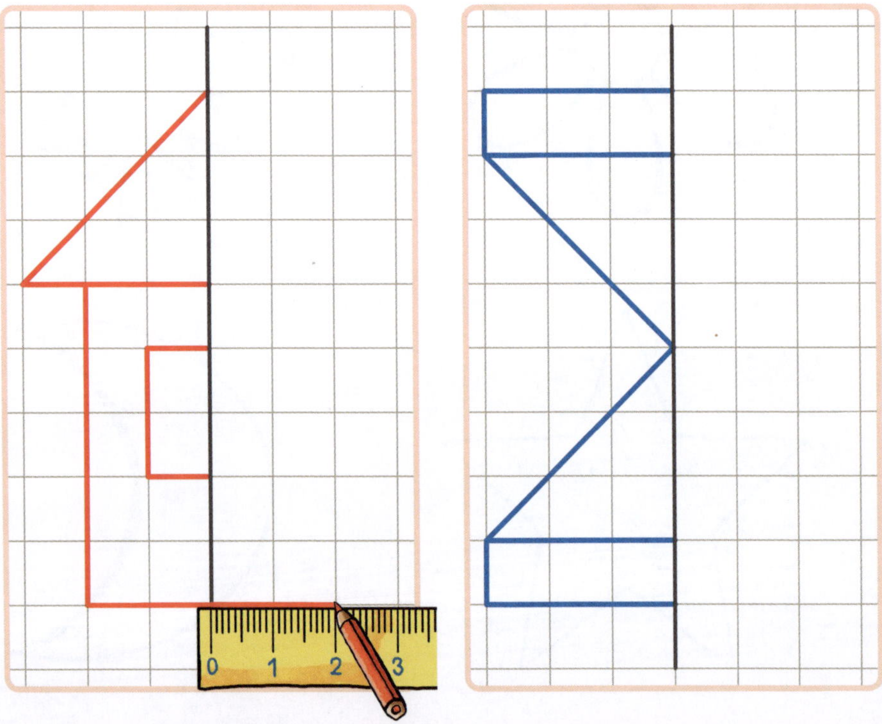

1

5 + 5 = 10 | 8 + 8 = ☐☐
4 + 4 = ☐ | 6 + 6 = ☐☐
7 + 7 = ☐☐ | 9 + 9 = ☐☐
3 + 3 = ☐ | 10 + 10 = ☐☐

2

16 − 8 = 8 | 10 − 5 = ☐
8 − 4 = ☐ | 4 − 2 = ☐
12 − 6 = ☐ | 14 − 7 = ☐
18 − 9 = ☐ | 20 − 10 = ☐☐

3

4 + 4 = 8 | 8 + 8 = ☐☐
8 − 4 = 4 | ☐☐ − 8 = ☐

3 + 3 = ☐ | 6 + 6 = ☐☐
☐ − ☐ = ☐ | ☐☐ − ☐ = ☐

1

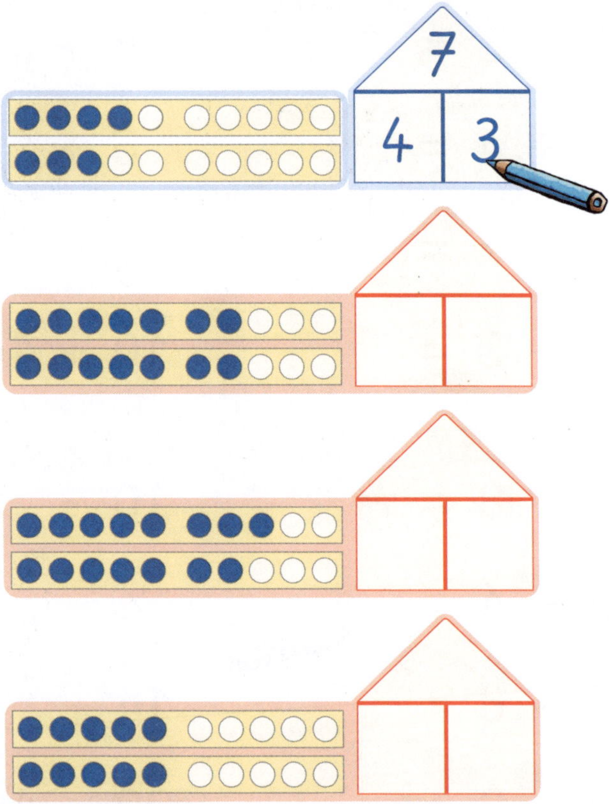

2 gerade Zahlen ungerade Zahlen

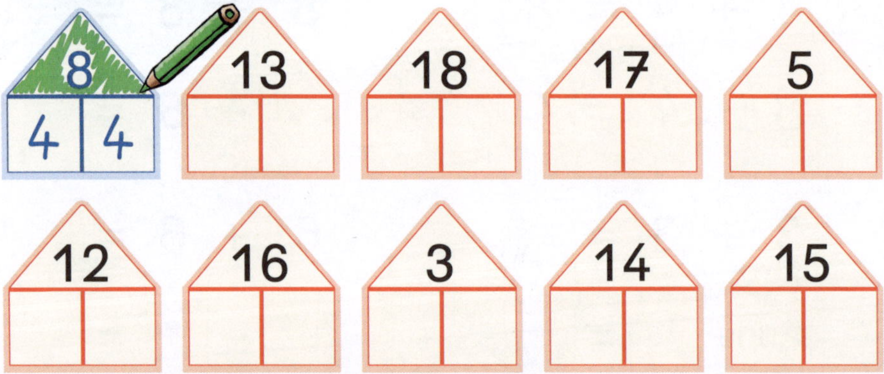

Informationen in Tabellen eintragen

1

Name	Haarfarbe			
	blond	braun	schwarz	rot
Tim	○	○	○	X
Lena	○	○	○	○
Max	○	○	○	○
Anne	○	○	○	○

2

Name	Locken		Zopf		lange Haare		Brille	
	ja	nein	ja	nein	ja	nein	ja	nein
Tim	○	X	○	○	○	○	○	○
Lena	○	○	○	○	○	○	○	○
Max	○	○	○	○	○	○	○	○
Anne	○	○	○	○	○	○	○	○

1 Janeks Hosen Janeks Pullis

1 Verbinde die Nachbaraufgaben.
Rechne zuerst die Verdopplungsaufgabe.

5 + 5 = ☐☐	3 + 3 = ☐	7 + 7 = ☐☐
7 + 8 = ☐☐	5 + 6 = ☐☐	3 + 4 = ☐
4 + 4 = ☐	8 + 8 = ☐☐	6 + 6 = ☐☐
7 + 6 = ☐☐	5 + 4 = ☐	9 + 8 = ☐☐

2 Rechne zuerst die Aufgabe mit 10.

5 + 10 = 15	10 + 7 = 17
5 + 9 = 14	9 + 7 = ☐☐
☐ + ☐☐ = ☐☐	☐☐ + ☐ = ☐☐
7 + 9 = ☐☐	9 + 6 = ☐☐
☐ + ☐☐ = ☐☐	☐☐ + ☐ = ☐☐
4 + 9 = ☐☐	9 + 8 = ☐☐

1 Rechne bis 10 und dann weiter.

8 + 5 = __
8 + 2 + 3 = 13

7 + 8 = __
7 + __ + __ = __

9 + 8 = __
9 + __ + __ = __

4 + 8 = __
4 + __ + __ = __

6 + 5 = __
6 + __ + __ = __

5 + 7 = __
5 + __ + __ = __

1 Nutze die Tauschaufgabe.

6 + 8 = ☐☐, denn 8 + ☐ = ☐☐

5 + 7 = ☐☐, denn ☐ + ☐ = ☐☐

2 Rechne zuerst die Aufgabe mit 10.

9 + 5 = ☐☐, denn 10 + ☐ = ☐☐

7 + 9 = ☐☐, denn ☐ + ☐☐ = ☐☐

3 Rechne bis 10 und dann weiter.

8 + 7 = ☐☐

8 + 2 + ☐ = ☐☐

7 + 6 = ☐☐

7 + ☐ + ☐ = ☐☐

4 Nutze die Verdopplungsaufgabe.

7 + 6 = ☐☐, denn 7 + ☐ = ☐☐

6 + 5 = ☐☐, denn ☐ + ☐ = ☐☐

1 Rechne und trage die Ergebnisse ein.

6 + 7 = 13	7 + 4 =
8 + 4 =	5 + 7 =
9 + 5 =	8 + 5 =
7 + 7 =	6 + 8 =

2 Fülle die Rechentabellen aus.

+	6	7	8
6	12		
7			
8			

+	8	5	7
10			
9			
7			

2 Verbinde Aufgaben und Ergebnisse.

4 + 8 — 12

7 + 8

5 + 7

15

7 + 6

9 + 6

7 + 7

13

14

8 + 5

5 + 9

9 + 4

1 Verbinde die Nachbaraufgaben.
Rechne zuerst die Halbierungsaufgabe.

12 − 6 = ☐	14 − 7 = ☐	16 − 8 = ☐
14 − 8 = ☐	12 − 7 = ☐	16 − 9 = ☐
18 − 9 = ☐	10 − 5 = ☐	14 − 7 = ☐
11 − 5 = ☐	15 − 7 = ☐	19 − 9 = ☐☐

2 Rechne zuerst die Minus-10-Aufgabe.

14 − 10 = 4	☐☐ − ☐☐ = ☐
14 − 9 = ☐	17 − 9 = ☐
☐☐ − ☐☐ = ☐	☐☐ − ☐☐ = ☐
16 − 9 = ☐	12 − 9 = ☐
☐☐ − ☐☐ = ☐	☐☐ − ☐☐ = ☐
15 − 9 = ☐	13 − 9 = ☐

1 Rechne bis 10 und dann weiter.

12 − 5 = ☐
12 − 2 − 3 = 7

13 − 6 = ☐
13 − ☐ − ☐ = ☐

15 − 8 = ☐
15 − ☐ − ☐ = ☐

11 − 8 = ☐
11 − ☐ − ☐ = ☐

14 − 6 = ☐
14 − ☐ − ☐ = ☐

13 − 9 = ☐
13 − ☐ − ☐ = ☐

1 Rechne bis 10 und dann weiter.

14 − 6 = □
14 − 4 − □ = □

12 − 5 = □
12 − □ − □ = □

2 Nutze die Halbierungsaufgabe.

15 − 7 = □, denn 14 − □ = □

18 − 8 = □□, denn □□ − □ = □

17 − 9 = □, denn □□ − □ = □

3 Rechne zuerst die Minus-10-Aufgabe.

14 − 9 = □, denn 14 − 10 = □

12 − 9 = □, denn □□ − □□ = □

16 − 9 = □, denn □□ − □□ = □

1 Rechne und trage die Ergebnisse ein.

12 − 8 = 4	13 − 6 =
14 − 9 =	14 − 5 =
11 − 4 =	13 − 8 =
17 − 8 =	12 − 7 =

2 Fülle die Rechentabellen aus.

−	4	6	8
12	8		
13			
14			

−	9	3	7
17			
15			
11			

2 Verbinde Aufgaben und Ergebnisse.

11 − 5 — 6

15 − 8

13 − 6

7

14 − 8

13 − 5

16 − 9

8

5

14 − 9

12 − 4

11 − 6

1 Schreibe die Plusaufgabe und die dazu passende Minusaufgabe auf.

$7 \xrightarrow{+6} 13$, $13 \xrightarrow{-6} 7$

7 + 6 = 13

__ − __ = __

$5 \xrightarrow{+8} \_\_$, $\_\_ \xrightarrow{-8} 5$

__ + __ = __

__ − __ = __

2 Schreibe die Minusaufgabe und die dazu passende Plusaufgabe auf.

$9 \xrightarrow{+5} 14$, $14 \xrightarrow{-5} 9$

14 − 5 = 9

__ + __ = __

$\_\_ \xrightarrow{+9} 13$, $13 \xrightarrow{-9} \_\_$

__ − __ = __

__ + __ = __

3 Schreibe zuerst die Umkehraufgabe auf. Trage dann die Lösung ein.

__ + 8 = 12

__ − __ = __

__ + 7 = 15

__ − __ = __

1 Bilde Aufgabenfamilien.

5	9	14

5 + 9 = 14

9 + ☐ = ☐☐

☐☐ − ☐ = ☐

☐☐ − ☐ = ☐

7	12	5

☐ + ☐ = ☐☐

☐ + ☐ = ☐☐

☐☐ − ☐ = ☐

☐☐ − ☐ = ☐

2 Finde eigene Aufgabenfamilien.

☐	☐	13

☐ + ☐ = ☐☐

☐ + ☐ = ☐☐

☐☐ − ☐ = ☐

☐☐ − ☐ = ☐

☐	☐	☐

☐ + ☐ = ☐☐

☐ + ☐ = ☐☐

☐☐ − ☐ = ☐

☐☐ − ☐ = ☐

1

12 rot	13 blau	14 gelb	15 grün
6 + 6	10 + 5	5 + 8	9 + 5
8 + 6	2 + 10	7 + 8	3 + 10
6 + 7	10 + 4	7 + 5	6 + 9
9 + 6	4 + 9	6 + 8	8 + 4
3 + 9	8 + 7	8 + 5	7 + 7

2

6 grün	7 gelb	8 blau	9 rot
11 – 4	16 – 8	13 – 5	15 – 8
15 – 9	15 – 6	13 – 4	12 – 6
15 – 7	16 – 9	13 – 6	17 – 9
13 – 7	14 – 5	17 – 8	14 – 8
12 – 5	12 – 4	14 – 6	14 – 7

1 Verbinde passend und rechne.
Welche Rechnung bleibt übrig?
Kreise diese farbig ein.

7 Affen sitzen auf dem Felsen. 4 Affen kommen noch dazu.

16 Papageien saßen im Baum. 7 Papageien fliegen weg.

16 − 7 = ☐

7 − 4 = ☐

7 + 4 = ☐☐

1 Bestimme die Beträge. Kreuze an, wo mehr ist.

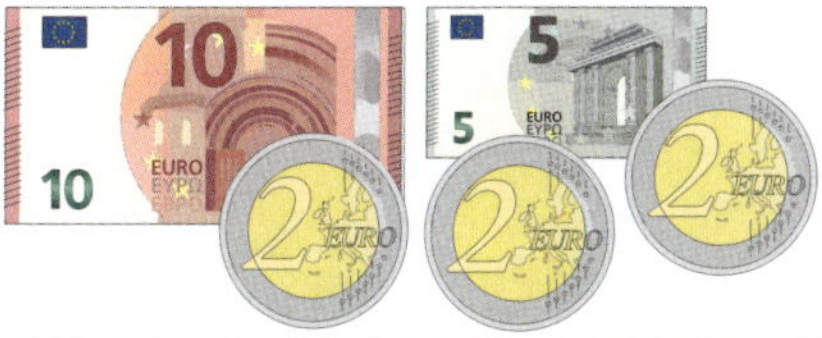

2 Bestimme den Betrag in Euro und in Cent.

7 € 22 ct

1 Lege und zeichne.

14 €

18 ct

6 € 20 ct

3 € 19 ct

2 Lege die Beträge auf verschiedene Weise.
Trage immer 2 Möglichkeiten in die Tabelle ein.

17 €	1							
11 €								
14 ct								
18 ct								

1 Berechne, was es kostet.

8 € + 8 € = 16 €

Es kostet ____ €.

____ € + ____ € = ____ €

Es kostet ____ €.

____ € + ____ € = ____ €

Es kostet ____ €.

2 Berechne, wie viel die Kinder bezahlen müssen.

Sofie kauft

____ € + ____ € = ____ €

Sofie muss ____ € bezahlen.

Ole kauft

____ € + ____ € = ____ €

Ole muss ____ € bezahlen.

1 Berechne das Rückgeld.

Tim gibt 

Tim kauft 

10 € – 7 € = 3 € Zurück: 3 €

Lea gibt 

Lea kauft 

€ – € = € Zurück: ____

Lisa gibt 

Lisa kauft 

€ – € = € Zurück: ____

Paul gibt 

Paul kauft 

€ – € = € Zurück: ____

Maja gibt 

Maja kauft 

€ – € = € Zurück: ____